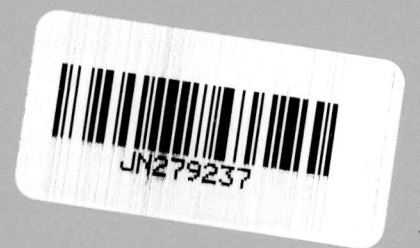

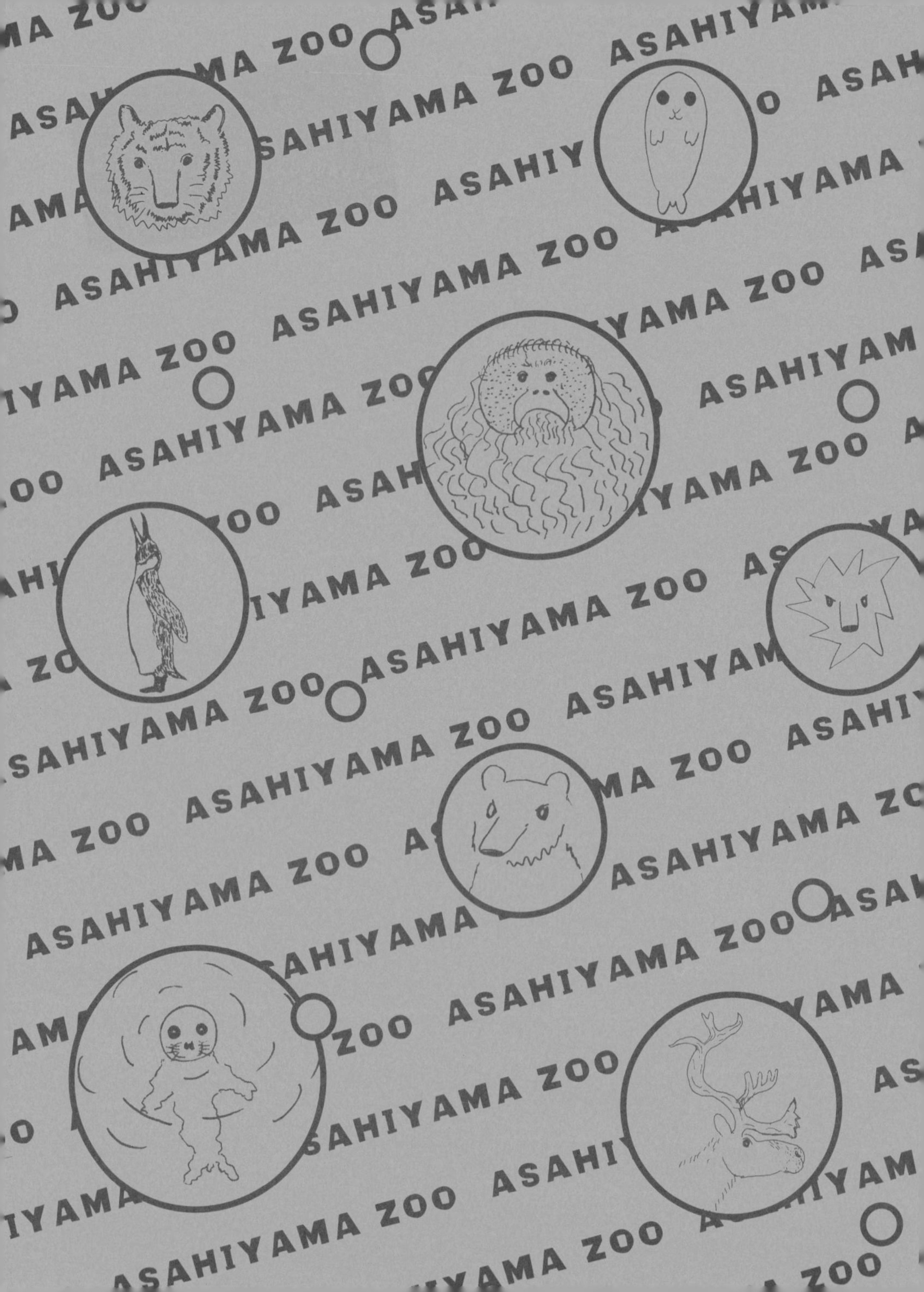
ASAHIYAMA ZOO

Illustration by Gen Bando

旭山動物園へようこそ！

文 坂東 元
旭山動物園副園長
写真 桜井省司

二見書房

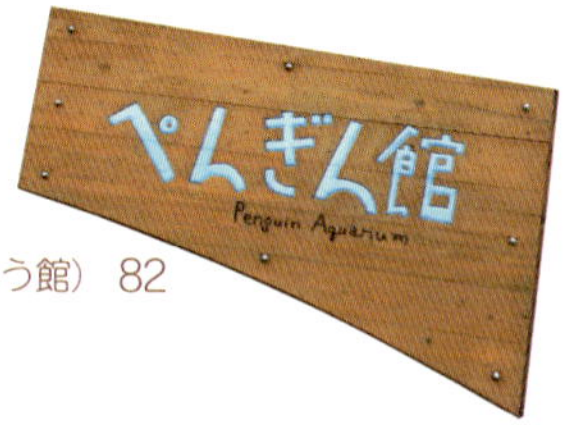

（本文イラスト：坂東 元／写真キャプション：桜井省司）

まえがき

旭山動物園は「奇跡《きせき》の動物園」、僕自身は「動物園の革命児《かくめいじ》」などと紹介され、動物園そのものより、どん底から日本一になったストーリーや新鮮な展示法がいかにして生まれたかが人気、評価のベースになっている気がします。良くも悪くも日本の動物園史上例を見ない動物園になったのは確かかもしれません。

われわれスタッフは、来園《らいえん》された方に「動物たちの素晴《すば》らしさ」を伝えることを基本に、彼らを守る取り組み、研究、教育の大切さをも伝えていきたいと願い、“そのためにできること”を実践《じっせん》してきただけです。結果として、来園者数がわれわれの想像《そうぞう》をはるかに超《こ》えてしまったのです。

この本の写真を撮影した桜井さんは、2005年春までの2年間、旭山動物園で管理の副園長を務め、飼育《しいく》の副園長である僕とコンビを組んでいました。役割《やくわり》は異《こと》なりますが、ほかのスタッフと同じように旭山に来てくれた人たちに、動物たちの生き生きとした姿を見てもらいたいという思いはいっしょでした。

カメラマンとしての桜井さんを見かけるようになったのは、異動《いどう》で動物園を去ってからです。桜井さんは週末になると必ずといっていいほどカメラを携《たずさ》えてやってきては、閉園《へいえん》まで園内をあちこち動き回り、カメラを構《かま》える姿をしばしば見かけました。この本には、動物たちがこちらを見つめている瞬間を切り取った写真がたくさん出てきます。これらの写真を見ていると、その目の奥から彼らのありのままの気持ちが伝わってくるような気がします。 僕の文が、彼らの気持ちを理解する助けになれば幸いです。

坂東《ばんどう》 元《げん》（旭山動物園 副園長）

「チンパンジーの森」の前で

2005年5月、「国際自然保護連合（IUCN）」が発表した絶滅《ぜつめつ》の恐れのある世界の野生生物のリスト「レッドリスト」で、ホッキョクグマが絶滅危惧《きぐ》種に指定された。野生での個体数は2万数千頭、個体数から見ると絶滅は心配されない。

ではなぜか？ それは地球温暖化。このまま温暖化が進めば数十年で絶滅する可能性がある。極地で生活する彼らには、もう行く場所はない。「彼らを守りたい、地球上から消えさせてはならない」――そんな気持ちが芽生えるきっかけになってくれたら、それが旭山動物園の願い。頭のなかの知識だけでは行動には結びつかないと思うから。

50年後、野生のホッキョクグマが氷の大地で命を受け継《つ》いでいたら……それは温暖化を防止できた証《あかし》になる。

遊び盛りのイワン（オス5歳）がしつこくルル（メス11歳）につきまとい、ルルは遊び疲れて水槽にダイビング

ホッキョクグマの迫力のあるダイビングは獲物をつかまえるための習性です

やんちゃ坊主「イワン」のダイナミックな泳ぎ。
こすりつける頭や肩の毛がはげている。頭が小
さく流線型の体は泳ぐのに適しています

足の裏の肉球《にくきゅう》の間にも白い毛が生えています。人間がスパイク付きのクツでしか歩けないような氷上も自由に動き回ります。足裏だけが黒いのではなく、実は地肌（じはだ）そのものが黒なのです

漁業用の浮き球は、かっこうの遊び道具

水泳の選手のように水中で息を吐《は》き、水面から顔を出して息を吸っています

カメラを構《かま》えて左右に移動すると、追いかけるように柱の陰《かげ》から顔をのぞかせるルル

まるで「かくれんぼ」をしているようでした

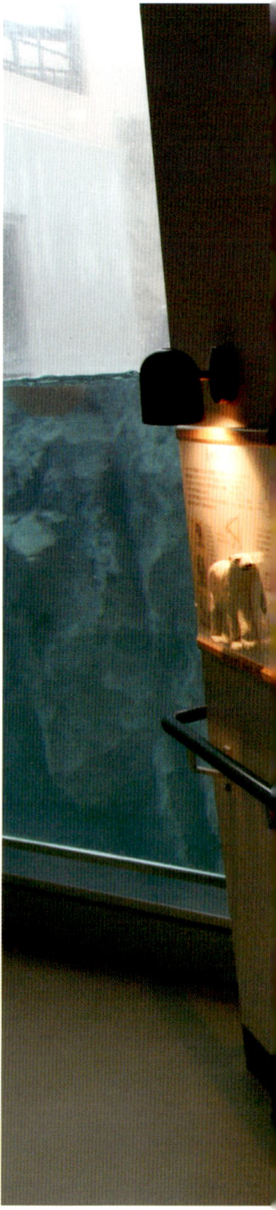

赤ちゃんとホッキョクグマのご対面《たいめん》。赤ちゃんはぬいぐるみと思っているのかもしれませんが……

アザラシを食べるホッキョクグマは、赤ちゃんを獲物《えもの》と見ているかもしれません

水中のイワンめがけてダイビングする
ルル。二世誕生も期待されています

冬の到来……。４頭いるホッキョクグマのなかで最年長のコユキ（メス31歳）。今も負けん気の強い「美人」で通っています

雪の上で昼寝をきめこむコユキ

氷もゆるみ春間近、氷を
割り遊び道具にするルル

コユキは冬の方が快適なようです

ホッキョクグマの素顔と神秘

僕たち飼育係にとって、いちばん恐ろしい気配《けはい》をもつ動物がホッキョクグマだ。クマはその表情から次の行動を読みとりにくい動物だからだ。不機嫌《ふきげん》なとき、警戒《けいかい》しているときは上唇《うわくちびる》をとがらせて「フガフガフガ」と口を鳴らすが、ふとこちらが目をそらしたりすると次の瞬間、まったく無表情な顔で前足から檻《おり》に体当たりしてくる。

イワンが檻越しに身を寄せてこちらを見ている。穏《おだ》やかなのかと思って無防備に近づくと、何の前ぶれもなくいきなり前足を檻の隙間《すきま》から出して僕を引き込もうとする。もしイワンの爪に僕の作業服が引っかかったら、僕の腕は肩から先が引きちぎられてしまうだろう。

ライオンやトラだとこうではない。唸《うな》る、身を低くして構《かま》える、耳を後ろに倒す、牙《きば》をむく、にらみつける、たくさんの情報があるから、僕らも彼らの感情が読める。クマの行動や心理状態を読むには細心の注意が必要なのである。

ホッキョクグマは陸上最大の肉食動物。僕たち飼育係がバックヤードで感じているホッキョクグマの威厳《いげん》、存在感を来園者と共有できないものか？これが「ほっきょくぐま館」のコンセプトである。さらに厳冬《げんとう》期こそ彼らの本質的なものが伝わるはずだから、雪が積もった冬の景色を想定し建築を行った。

カプセルドームは流氷《りゅうひょう》の隙間から息をするアザラシの目線で、ダイビングはアザラシを氷上に追い出す行動の迫力を、水中での泳ぎは流氷から流氷まで時には100キロも泳ぐと言われる泳ぐ能力、優雅《ゆうが》さを感じてほしいと考えたものだ。

はたしてどう感じてもらえているのだろうか？

泳いでいるときにちらっと目が合ったとき、ダイビングでイワンと目が合ったとき、「かわいい！」と言う声が聞こえてくる。「違う違う、その表情のままガブッとくるんだよ！」ほんとうは鳥肌《とりはだ》が立つくらいに恐ろしい瞬間なはずなのに……。ホッキョクグマの極地への適応や、肉食に特化し先鋭化《せんえいか》していった能力の背景を僕らは伝えきれていない。

旭山動物園はまだまだ未熟なのである。

飼育手帳

「もうじゅう館」がオープンした平成10年秋、とくに珍しい動物を入れたわけでもなく、今まで飼育していた動物の「見せ方」を変えただけなのに、なかなか好評だった。これからの動物園のあり方を考えるうえでいい材料になりそうだ。 しかし、当時、多くの人から苦情（?）も寄せられたが、ほぼ次の3点だった——。

「トラの地面が土だけでドロドロでかわいそう、ライオンは芝生なのに……」

トラの地面には落ち葉を敷きつめたいと思っていたが、まだ落ち葉の季節ではなく間に合わなかった。トラは森林、ライオンは草原とはっきり分けたいと思っていた。いずれトラの放飼場《ほうしじょう》には落ち葉がびっしり敷《し》かれ、ササやススキも生えるだろう。

「ヒグマだけ地面がコンクリートでかわいそう」

やっぱり…と思った。ヒグマの場合、糞《ふん》の量が多く柔らかいのでどうしても床を水洗いする必要がある。床を洗った水は園内の浄化槽で処理をするため土が流れ込むとまずい。しかし、提言はもっともなのでチップ材を敷き詰めようと考えている。針葉樹のチップは少しくらい糞尿で汚れても匂いを和らげてくれるかもしれない。

「頭上にいるヒョウだけど、もしも誰かが指でも入れたら危ないじゃない」

ヒョウは木の上で休んだり獲物を待ち伏せる。ヒトがヒョウに見下ろされることで、ヒョウのイメージが伝わると考えたからだ。こんな見せ方はたぶん日本では当園だけだろう。たしかに肩車でもすれば手が届く。だが、あれより高くても、ガラスでさえぎっても、見つけたときのドッキリ感はなくなってしまう。なによりヒョウのもつ気配を伝えたかったので、「触らないでね」を守ってもらえれば問題はない、と思ったものだ。

環境問題が対岸の火事ではなく火の粉が降りかかりはじめた今、動物園は理屈ではなく、「動物のいる空間の気持ちよさ」を伝えることが使命だと思う。

なぜ自然を守らなければならないのかは、頭で考えるのではなく、まず感じることから始めたいものだ。動物たちが幸せに生活することが、「気持ちよさ」を伝える第一条件。ともかくトラやヒグマの放飼場の地面に、多くの人が関心をもってくれたこと、これは大きな手応えだった。

ジャイアントパンダが発見されるまで，「パンダ」といえば，
このレッサーパンダのことを指していました

名古屋の動物園からやってきたばかりのアミメキリン（メス１歳）。
照れ屋さんなのか臆病《おくびょう》なのか、なかなか外に出てこない

やっと出てきてくれたが、隣のオリでカバが「ブォー」と吠《ほ》えると、すぐに引っ込んだ。
たった10秒だけの顔見せでした。市民から名前を公募し「マリモ」ちゃんと命名

アムールトラの「いっちゃん」がオリの前で尻尾《しっぽ》を上げたら
要注意。霧状《きりじょう》のおしっこを２ｍくらい飛ばすからです

好き嫌いがあるのか、特定の職員にはガラス越しに襲《おそ》いかかることがあります

モモは3歳。母親のリアンは3年間毎日24時間つきっきりだ。たまに駄々《だだ》をこねるモモに癇癪《かんしゃく》を起こすことはあるが、その子煩悩《ぼんのう》ぶりには頭が下がる。

ただ育てているのではない。モモの成長をしっかりと把握《はあく》している。一人遊びをさせる場所や、モモとの距離が段階的に変わっている。一歳までは手を伸ばせばすぐに抱えられる距離、2歳までは目が届いてあまり不安定ではない場所まで、そして3歳になると、一人での空中散歩。でも、モモのすぐあとに、あるいはすぐ下でいつでも支えられるようにリアンの姿が……。それは初めて補助輪なしの自転車に乗る子供の後ろからいつでも支えられるように伴走するお母さんのようだ。お母さんではなくてお父さんの方がピンとくるけれど、オランウータンは単独生活者。オスに父親としての直接の役割はないのだ。人の生き方がすべての生き物の基準ではない。本当は人間の生き方のほうが、例外中の例外なのだ。

高さ17mの空中散歩。母親リアンにモモがしがみついています

一人でも綱渡《つなわた》りできるようになったモモ。母親リアンがサポート

オランウータンの握力は人間よりはるかに強く、
ロープを握りそこなう心配はありません

初めての空中散歩。下で見ている私たちはハラハラドキドキ。
母親リアンは私たちよりもっと心配だったにちがいありません

子育てはもっぱら母親の役目。モモにつきっきりのリアン

父親のジャックは子育てに参加しません。メスとはちがい、頬《ほお》にヒダがあり精悍《せいかん》な顔つきをしていますが、優しい性格

冬期間用の室内展示場でくつろぐ母子。寒さに弱いオランウータンも快適に過ごしています

母親から離れ、いろんな行動を見せはじめたモモ。
人間でいえば小学生くらいで、やんちゃ盛り

オランウータンのお見合い

オランウータンの施設ができたのは平成13年の夏。当時メスのリアン1頭だけを飼育していた。オランウータンはとても慎重な動物で、常に考えてから、安全を確かめて行動をする。行動してから考えるチンパンジーとは正反対だ。オランウータンは動きは激しくないが、何を考えているのか心を読みながら観察すると、飽《あ》きることがない。けっこう次の行動が読めたりする。

オランウータンは群れをつくらない。オスとメスの外観と体格は、これが同じ種かと疑うほど違う。オスは飼育下では100kg前後、メスは40数kg程度である。オスが気に入らなければメスを殺してしまうこともある。

ペアの形成には相性と、体格差の問題があり、飼育下での成獣同士のペアの形成はむずかしいといえる。単独生活をする動物で、オスが肉体的に強い種の場合、子供のオスとメスを導入し、生長して大人になりペアとするのが一般的である。大人同士でペアを形成するのはリスクが大きいと考えられ、ペアのどちらかが死ぬと、もう一頭は新たにペアを組むことなく生きつづける場合が多い。

リアンは当時10歳でヒトでいうなら20歳前後、ピチピチのギャルだ。このまま単独ではあり得ないのだが、適当な相手が見つからなかった。そんなときメスに先立たれて単独で飼育されていたジャックが候補にあがった。当時20歳、ヒトでいうと40前後の中年男。しかも同居していたメスとは子供をもうけたことがなかった。

しかし贅沢《ぜいたく》は言っていられなかった。ジャックが来園したのは平成14年の4月。140kgの巨漢！ 初めて間近で見るその顔は威圧感すらおぼえた。

そこで僕らの考えた同居作戦はこうだ。まずはジャックとリアンを檻越しにお見合いさせ、「こんなやつが来たのか」と認めさせる。次にジャックに部屋の出入りを覚えさせ、さらに放飼場に馴《な》らす。

ジャックをスケッチしてみた

ここが肝心で、ジャックは20年このかた旭山のような３次元の空間で生活したことがない。慎重な彼らだから、すぐには空中放飼場に馴れないはずで鉄塔には登らないだろうと考えた。鉄塔には登らない程度に放飼場に馴れたときが同居、つまりペアリングのタイミングだと考えた。肉体的に劣るリアンが放飼場では優位に立てるからである。

初めて同じ空間で出会った日、ジャックの目の色が変わった。リアンを追いかけるが体が重くて捕まえることができない。リアンは最後には鉄塔に登って逃げてしまう。そこでジャックは考えた。追いつめるのではなく、気を引くにはどうすればいいかと。そして、いじけることにした。体を丸めて小さくなり、うつむいてばかり。するとリアンが恐る恐る近づいてきて様子をうかがう。この手があった！

ジャックは根気よくいじけた。

そしてついにリアンがジャックの背中に触れた。ジャックはゆっくりと振り向き、あたかも僕は何もしないよとでもいわんばかりにさらに体を小さくした。そしてお互いの頬が触れた。けっして目の前のリアンを捕まえることなどしなかった。みごとなジャックの作戦勝ちであった。

そして２ヶ月後、交尾が成立し、モモの誕生となった。生き生きと住める施設をつくること、それが肉体的なことだけでなく、想像もしなかった精神的なものまで豊かにすることができる……僕はこの一部始終を見て確信した、そして感動した。

飼育手帳

2001年、「オランウータン舎」をオープンするに際し、それまでの放飼場《ほうしじょう》の天井を抜き、高さ17mの鉄塔を立て、ロープを伝って空中放飼場に行けるようにした。見晴らしはいいし、さぞや気分がいいことだろうと思った。

この前例のないアイデアを実現するにあたり、飼育下生まれのウータンとはいえ、高所を怖がらない、木から木に移動するとき両手両足を宙に浮かせて飛び移らない、水には入らない……というのが必要条件だった。例外はつきものだけど、うちのリアンや死んだ釧太郎を観察しいて確信していた。

8月10日の午前中に市役所の仮検定を済ませ、引き渡しを受けた。オープンは2日後に迫っている。さっそく午後から放飼場にリアンを出した。3カ月くらい部屋に閉じこめられて、久しぶりに放飼場に出たから別世界だったのだろう。いきなり脱走防止用の電気柵《さく》に触れてしまった！しかも唇で。一瞬クラッときて檻から落ちそうになったが、担当者がすばやく下から支えて無事だった。この電気柵は早く覚えてほしかったので、心中しめしめと思った。

リアンはしばらく放飼場を探索したのち、空中放飼場へと延びる擬木《ぎぼく》に目をつけた。数メートルよじ登り、銀色の穴を見つけた。そこは冬期の転落防止用の電柵を取り付ける穴で、うっかり電気を通したままにしてあった。それを触ったリアンは感電！ ちょっとパニックになり部屋に戻りたいと扉のそばにへばりついてしまった。その日は無理をせずに部屋に収容した。翌日も無理はさせないことにした。日数もなく、慎重なオランウータンだから無理をして「危険だ！」と思われたら擬木すら登らなくなってしまう。オープン日も渡らなくても良しとすることになった。

明日はいよいよオープン日——。

朝10時にテープカット。リアンの晴れ舞台に集まった来園者は、空中散歩を期待している。しかし、リアンは登ろうとしない……。

やっぱり「渡らない」で済ましてはいけないと思った。僕が先導すればついてくるだろう、怖いけれどバナナを持ち、意を決して高さ16mまで登ってリアンを呼んだ。ついてきた。空中放飼場にも一人登ってリアンを呼ぶ。が、リアンは動かない。さすがに空中散歩の見本はできない……。もしや大好物のブドウの房でおびき寄せれば……と急ぎ買い出し。それを見せびらかしながら飼育職員N君が空中放飼場へ——。黙って見てはいられないリアン。あっさりと空中散歩！ そしてブドウのご褒美《ほうび》。お客さんからは拍手喝采！ N君はピースサイン。……思い出に残るオープン・シーンだった。

飼育手帳

旭山では動物たちの死に際して、「喪中看板《もちゅうかんばん》」を掲げることにしている。

生きるということは、常に死の上に成り立っている。命が延々と受け継がれている陰には「死」があり、そして「今」がある。

だから、表には出ない死を包み隠さずに伝える。都合のいいところだけをつまみ食いするように見せるのではなく、ふとお客さんにも“命”を感じてもらいたい……と思って「喪中看板」を立てることにした。

象のナナの喪中看板

「動物園って、どうして必要なんだろう？」

そんなことを考える一つのきっかけになってくれればいいと思った。

「ここの動物園て、やたら動物が死んでるんだね」

「無理させてるんじゃないの、かわいそうねえ」

そんな声も聞こえてくる。死は病気ではない。生まれたらいつか死ぬ。僕らの手法の未熟さもあるのだろう。他の園がやっていないことをするからこんな反応になってしまう。「先を急ぎすぎていないか？」と自問自答することがある。海路図のない大海原に迷い込んだ気分になる。

来園者が増えていることを、手放しで喜べる気分ではなかった。

気になることは山ほどあれど、そんななか、楽しみにしていることがあった。

カピバラのお腹が大きくなり、乳首が目立ってきてもうすぐ出産しそうなことだ。メスはあまり体調がよくないからちょっと心配だが、生まれてくるカピバラの赤ちゃんが、僕たちの悩みをすべて癒してくれそうな気がする。冬期間は展示していないから、来園者には申し訳ないけれど、今回はわれわれスタッフのためにも元気に生まれてきてほしい。

「誕生」の看板も張り出している

世界最大のネズミ「カピバラ」、南米では食用にされているそうです。ヌーボーとした表情で人気者。早朝３匹生まれていたのが、昼になると６匹に増えていました

足には水かきがついていて、泳ぎがうまく、ときに水中に潜《もぐ》っています。
このペアは毎年、子育てをしています

エゾヒグマのクマゾウが悠々と
立ち木で背中を掻《か》いています

若いトンコはガラスを思い切りたたいてお客さんを驚かせたり、
小窓越しにこっちをのぞいたりして楽しませてくれます

2頭のじゃれあいは迫力満点

「こども牧場」にいるフクロモモンガ。軍手《ぐんて》がすみかで、たまに顔を見せてくれます

冬のホッキョクギツネは真っ白です。夏毛は灰褐色《はいかっしょく》（下）

ぺんぎん館

ペンギンはたよりなくヨチヨチしていて、とても「かわいらしい」。でも、どうしてよちよちしているのかと考える人は少ないだろう。手でかんたんに捕《つか》まえられるほどノロマなのは、陸上に天敵《てんてき》がいない場所で進化した結果である。空も飛べない。たんに「かわいらしい」で興味がつきると、ペンギンの生活や生息環境は見えてこない。

ペンギンは水中を自由に飛び回り、魚などを補食《ほしょく》する肉食の鳥類だ。同時にシャチやアザラシに命を狙《ねら》われる身でもある。鳥類として水中での能力を極限《きょくげん》まで進化させた結果が、陸上でのよちよちである。動物たちの姿、形はいかに食べ物を得て、一方でいかに身を守るかを表している。

僕たちには自分で食べ物を捕るという感覚がない。だから「かわいい」でいいじゃないかとなる。「いただきます」の意味を知らないから、「給食費を払っているのになぜ我が子にいただきますと言わせるの？」と、そんな笑い話のような話が現実になる。

命をいただきます、僕たちだって命を奪《うば》うことで生きているんだ。

360度観察できる水中トンネルからは、水中を飛ぶ
ように泳ぐペンギンの姿を見ることができます

矢のように飛んでいくジェンツーペンギン。
すばやく器用で直角に方向転換もできます

ペンギンは海の中
飛ぶように泳ぐ
海での生活に適し
体に進化しまし

「もぐもぐタイム（エサやりの時間）」には、女性職員が水中で解説しながらエサを与えます

積雪期限定で行う「ペンギンの散歩」は、エサを求めて内陸から海に集団で向かう習性を生かしたもの。キングペンギンの頭から胸にかけてのオレンジ色が美しい

早くエサをちょうだいと給餌《きゅうじ》中の飼育職員の尻をつつくキングペンギン

靴《くつ》ひもをほどこうとしているフンボルトペンギンの子供

希望者のみ参加し、午前と午後の２回散歩に出かけます。いってらっしゃい！

2000年9月に完成した「ぺんぎん館」に初めて氷が張った日、氷の下をスイスイと泳ぐジェンツーペンギンの姿がありました

夏に生まれたキングペンギンのヒナは丸々としています。
翌春に換羽《かんう》が始まり約1カ月かけて親と同じ姿になります

ぺんぎん館の水槽の水は水道水。ペンギンは水中で呼吸をしないので海水でなくてもＯＫ。ペンギンの目は水中では瞬膜《しゅんまく》という薄い半透明の膜におおわれていて、陸上で見るよりは濁《にご》って見えます

フンボルトペンギンの子供

イワトビペンギンの子育て

キングペンギン

ペンギンの習性を考えて

僕が就職した昭和61年、旭山動物園にペンギンはいなかった。それ以前にフンボルトペンギンを飼育していたが、冬期施設に問題があって飼育を断念したらしい。ペンギンといえば雪や氷の世界を連想しがちだが、18種類いるペンギンのうち、旭川の冬を屋外で暮らせるのは6種ほどしかいない。

かつて飼育していたフンボルトペンギンは雪とは縁のない赤道に近い南米に生息し、冬は暖房のある越冬施設の中で飼育していた。そのときアスペルギルス症という常在《じょうざい》カビによる肺炎《はいえん》が多発し、死亡も後を絶たなかったため飼育をあきらめた。

平成10年、11年にオープンした「もうじゅう館」、「さる山」は老朽化《ろうきゅうか》した動物たちの住まいの立て替えだったが、「ぺんぎん館」は新たな出発点だった。毎年オープンする施設があるということは、いつも翌年に建てる施設の設計とその年にオープンする施設の建築を同時進行で行っているということで、僕はその両方を任《まか》されていた。「さる山」の建築を監督しながら「ぺんぎん館」の構想を設計会社の人と練《ね》り、徐々に形にしていった。

動物はみな、与えられた環境のなかで個でありながら環境の一部として生きている。飼育されていても同じで、与えられた環境に文句を言ったり、それ以上を求めたりはしない。でも、動物園では安全と食が保証されているから、何もなければ何もしない。

ペンギンがもっている素晴らしい身体能力と行動をどうやって発揮《はっき》させるか？ 僕のスタンスは彼らの側に立ち、何も主張しない彼らの代弁者となることだった。と同時に、自分が見てみたい彼らの姿を具現化《ぐげんか》していく。

真正面から翼をしならせながらこちらに向かって泳いでくる姿、背中から気泡《きほう》をなびかせながら急潜水する姿、イルカ飛びする姿、垂直に水面から飛び出し垂直にストンと着地する姿……。

「ぺんぎん館」は冬季開園を考えていたから、キングペンギン、ジェンツーペンギンをメインにし、夏期の主役はフンボルトペンギンを選んだ。キングペンギンはボートを引き上げるように腹這《はらば》いで上陸し、ジェンツーは垂直に水面から飛び出して上陸するはず……。

そんなことを考えながら設計と建築を指揮する。新居ができて、ペンギンたちが仮住《かりず》まいしていた動物病院から引っ越す。そして思い描いていた行動を目のあたりにして、僕は鳥肌《とりはだ》が立った。

ちょっぴりかもしれないけれどペンギンの気持ち、本質を理解することができた。少しかもしれないけどペンギンに近づくことができた！と感じる。この瞬間が僕はいちばん好きだ。まだ来園者のものにならない、僕だけのペンギン。

飼育手帳

最近とても気になることがある。多くの人は動物園であるいはテレビで動物たちをどんな視点と感覚で見ているのだろうか？　動物たちのどんなところに興味があったり感情が動いたりするのだろうか？

動物番組や新聞などを見ていると、どうやら動物の基準を「かわいらしさ」に置いていて、それがなんだか加速しているような気がする。「かわいいと感じる気持ち」＝「生き物を愛している」なのだろうか？

僕のなかには、生物学的な、たとえば食肉目といった分類ではなく、別の分類基準がある。それはヒトが長い年月かけてつくりだした「ペット・家畜種」と「野生種」という分類である。

僕たちヒトは、自分たちの都合でルールや価値基準を決め、それに合わないものは排除して生活圏を広げてきた。動物に対しても同じく、都合のいい動物をつくってきた。だから動物を見るときに「かわいさ」や擬人的な表情、姿が魅力的に映るのだ。レッサーパンダが立ってもてはやされるのも、その一つ。

どうやらペット種も野生種もこの価値基準で見ているから、どこかの川にアザラシが現れると「住民登録」といった発想が出てくるのだろう。

しかし、野生動物はかわいい基準で生きてはいない。彼らにはそれぞれの環境でのルールや価値基準がある。食べる側、食べられる側が共存しているのだ。すごいことだ。

ヒトとはまったく異なるルールで生きているのだから、野生動物はヒトと「対等な命」といえる。ヒトがフクロウを見てかわいいと思っても、小鳥にとっては恐い危険な生き物となる。ヒトは傷ついた野鳥のヒナを見て「かわいそう、助けてあげたい」と思う。が、タカにとっては「その日を生きるための大切な食料」だ。“かわいらしさ”から、野生動物の本質は見えてこない。

アライグマは「かわいさ基準」でヒト社会に持ち込まれたものの、結局、“かわいくなかった”から野山に捨てられて外来種として問題になっている。キタキツネもかわいいから餌付けでヒトの生活圏に招かれ、エキノコックス症の原因と分かったとたん、打って変わってヒト社会から追放されている。

野生動物との共存は「かわいさ基準」からは見えてこない。動物を愛する方法は、かわいがるだけではない。彼らの生態をよく知る、干渉をしない、そっと見守るといった愛し方もあるはずなのに。ヒトがつくりだしたペット種の「かわいさ基準」の延長線上に、野生種は存在していないのだ。

ニホンザルが食べようとしているのはヤブ蚊《か》。
秋にはトンボもつかまえます

ツをぬっています。
指紋《しもん》を、じっくり、
してみよう？

もぐもぐタイム（エサ時間）には、ハチミツを窓に塗るのでサルの犬歯や
指紋を観察できます。飼育職員の一人がこの観察方法を考えつきました

ライラとレイラの子供の名前はアキラ。平成18年10月に生まれました。
12月に初めて外の放飼場に出て、お父さんと無事対面しました

クロヒョウの鋭いまなざし。よく見るとヒョウ柄《がら》なのがわかります

シバヤギの「くらら」は高いところが大好き。降りるときはあとずさりで……

あざらし館

旭山のゴマフアザラシは3月、雪の上で真っ白な赤ちゃんを産む。生まれたときの体重は約10kg、脂肪《しぼう》分の高い母乳を飲み、3週間後には倍以上の体重になる。母子が一緒に過ごす期間はたった3週間。

ある日を境に母親は母乳を与えなくなり、発情期を迎える。子は3週間で真っ白だった毛が抜け、ごま模様《もよう》になり、母親からもらう愛情の証《あか》しの脂肪分が燃えつきる前に、エサを捕ることを覚えなければならない。

飼育下ではホッケを強制的に口に押し込み、「これが食べ物なんだよ」と教えこむ。わずか3週間が、流氷の上で命をつなぐゴマフアザラシに与えられた親子の時間。受け継がれた本能なのだから、「かわいい」とか「もっと甘えさせてあげたい」といった感情の入る余地はない。

過酷《かこく》な環境の極地に生息する生き物ほど曖昧《あいまい》な要素が少なくなる。

「あざらし館」で初めて生まれたゴマフアザラシの赤ちゃん“ソラ”。白い毛のうちは泳がないといわれていますが、生まれたその日から泳ぎだしました

生まれた次の日、カメラを構《かま》えるとソラが泳いで近づいてきました

ソラが見えなくなり溺《おぼ》れたかと心配していると、母親のガルといっしょに潜《もぐ》っていました

ゴマフアザラシは流氷の上で育児。赤ちゃんは氷の上で留守番

ソラの前年に生まれたハム。今は母親のガルとタイのバンコクの動物園に住んでいます

やがて白い毛が抜け、親のようにごま模様になります

ソラはオス。おなかに
おちんちんが出る穴が

雪解けが始まる3月に日向《ひなた》ぼっこをするアザラシ。春は恋の季節

晴れた日は、地下の大水槽から上を見ると光のシャワーの中をアザラシが泳いでいる

正面から見るとまるで風船のようです

円柱水槽は外のプールとつながっていて、アザラシは自由に行き来します

ときどき泳ぎをやめて「カメラ目線」を向けてくれます

尾びれを開くと爪が５本

「あざらし館」に共生するウミネコにちょっかいを出すソラ

大きさは違っても、この坊やとソラは同じくらいの年齢です

疑似昆布《ぎじこんぶ》をかじっているうち、だんだん短くなり、やがてなくなりました

ただのアザラシじゃない！

今から十数年前、ラッコのブームがあった。大きな水族館や動物園までもが競うようにラッコの飼育を始めた。

当時の旭山動物園は昭和42年開園当初のままの施設が多く、従って老朽化《ろうきゅうか》も進み、とてもほめてもらえるような状態ではなかった。

旭山ではゴマフアザラシを飼育・展示していたが、アザラシの展示施設も水深が1.3mと浅く、これといった工夫などもないただのプールだった。

遠足で小学生が先生に先導されてアザラシの前で立ち止まる、あるいはお母さんに連れられて子供と一緒に立ち止まる。すると子供たちは口々に、「鼻の穴がピクピクしている！」「何で背泳ぎしてるんだろう？」「目が大きい！」と言う。子供の立ち止まる時間が長くなると、先生やお母さんが言う――「はい、そろそろ次に行こうね！ ここにはラッコはいないんだね、これはいつも見ているただのアザラシだからもういいでしょ」と。ラッコには見る価値がある、そういう価値観が心の中にあると「ただのアザラシ」となる。子供の純粋な興味や好奇心、アザラシのなかに見つけた「たくさんの凄《すご》い！」は大人の価値観を聞かされた時点で色あせたものになってしまう。小さな子供にとって、先生やお母さんの言うことは絶対だからだ。

悔《くや》しかった。僕たちは飼育をしていて「ただのライオン」でも「ただのアザラシ」でも飽《あ》きることはない。とても大切にしている宝物をみんなにけなされているような悲しさと、自分たちが感じている彼らの素晴らしさを来園者に伝えられていない悔しさが入り交じっていた。

悔しさのもう一つに、見せる側、つまり動物園や水族館があたかも動物の価値に差があるように仕掛けて、来園者を増やそうとしていた姿勢がある。お金のない小さな動物園という負け惜しみもあったが、「いつか見ていろ！」と思っていた。「アザラシだって凄いんだ！」と、ありのままを見ることができる、受け入れることができる、そんな心を育てないと人類の、地球の未来はもうないのかもしれない。

少なくとも子供たちに、僕たち大人の価値観を植え付けてはいけない。僕たち大人がこんな地球に、社会にしてしまったのだから。

飼育手帳

すっかり冬の風物詩《ふうぶつし》になったキングペンギンの散歩。おととし生まれたNo.16がまだ一緒に散歩に行かない。初日はみんなが出て行ったのを見て、あわてて「待ってよ、どこ行くの？」とばかりについて行ったのだが、途中で「ワタシ、何をしてるんだろ？」とふと立ち止まり、固まって動かなくなってしまった。置いて行くわけにもいかず、抱えて「ぺんぎん館」に戻しにいった。以来、No.16はまだ茶色いヒナと一緒に「ぺんぎん館」で留守番をしている。なぜだか分からないが、親ペンギンが散歩でいなくなるとNo.16はヒナをつついたり、上に乗っかったりする。一見いじめているように見えるが、「どうも可愛さあまって」のようで愛情の表現らしいのだ。野生では同じ年に巣立った仲間と行動を共にしいるはず。No.16の行動は、一羽だけで巣立ち仲間がいなかったことが原因してるのだろうか。（平成17年1月）

「こども牧場」の看板をしょって頑張ってきたビーグル犬のビーが平成18年2月をもって引退した。旭山再生のスタートである平成9年にオープンした「こども牧場」のマスコットとして頑張ってきたビーも気がつけば14歳。めっきり耳も目も衰え、運動失調も顕著《けんちょ》になってきた。顔も真っ白になり、もうおばあちゃん。大勢の人とのふれあいは負担がすぎるから、ゆっくりと休ませてあげたい。（平成18年3月）

平成18年2月、「チンパンジー館」の工事が始まった。そのテーマは「不安定」と「好奇心」。サルたちは樹上生活を基盤にしているが、体の使い方は種によってさまざま。チンパンジーは両腕だけで枝にぶら下がるブラキエーションという行動をする。しかし飼育下では、高いところでも地上と同じように両手をグーにして地面につける“ナックル歩行”をしている姿がよく見受けられる。なぜか？

地上10m以上の遊具を作るとなると、とても頑丈な安定した構造物になる。高いところを怖いと思わないチンパンジーは、安定しているから地上と同じようにナックル歩行をする。生木は揺れるから必ず握る動作になり、ブラキエーションへと移行するはずだ。そこでロープを張って「ぶら下がる」のではなく、構造物自体に「握る」「ぶら下がる」動きを引き出す仕掛けを取り入れたいと思った。つまり技術的に頑丈であって“不安定な構造物”を作るのが課題だ。

たとえ不安定な構造物ができても、利用されなければ意味がない。地上でゴロゴロしている方が楽に決まっている。どうやって高い所に行きたくなるような気にさせるか……？ チンパンジーは好奇心が旺盛だ。ヒトを観察させるようにしよう！ これが第2の課題だ。さて、どうなることやら。あっという間に夏が来そうだ。（平成18年2月）

ベニイロフラミンゴ（左）とヨーロッパフラミンゴ。
赤い食べ物の色素で羽が赤くなります

ウンピョウはこんな高いところが定位置。一見、空《から》のオリに見えます

ユキヒョウは名前のとおり雪がお似合い

真っ白だったアビシニアコロブスの赤ちゃんも、少しずつ親と同じ色に近づいてきます

「ＥＴ」のようなシロテ
テナガザルの細く長い手

「ハリーポッター」に登場する
ヘドウイックのシロフクロウ

旭山ではワシ、タカ類の訓練をしています（写真はトビ）

仲間の毛づくろいをするワオキツネザル

見上げてわかる、こぼれ落ちそうなダチョウの目

カバはワニと同じで鼻の穴と目と耳が一直線なので、
水中でもこのようにしていられます

「こども牧場」でのウサギやモルモットのだっこ。動物のぬくもり、命の鼓動が伝わります

「チンパンジーの森」が2006年8月5日オープンしました。

外の放飼場には森林をイメージした高さ16ｍの遊具にたくさんのロープがはりめぐらされており、地上5ｍに架かる橋「スカイブリッジ」から身近にチンパンジーを観察することができます。

この施設では9頭いるチンパンジーの個性が見えてきます。

2月に生まれたタケルも大きくなりました。

冬期間も観察可能な屋内放飼場も必見です。

動物園の一日が終わろうとしています。
今日も全国からたくさんの方が旭山に来ていただきました。
皆さん、楽しんでいただけましたでしょうか。
ペンギンたちもおやすみの時間です。
それでは、おやすみなさい。

ぺんぎん館

ソラと母親ガル

あとがき

本書に出てくるアザラシの赤ちゃんの名前はソラといいます。私が名付け親です。

平成17年3月15日の夕方。坂東副園長が、アザラシの「ガル」が出産しそうだと教えてくれました。翌朝8時ごろ、カメラ持参であざらし館に向かうと、積もった雪が赤く染まり、カラスが群がっています。一瞬アザラシの赤ちゃんが襲われていると思い、あわててカラスを追い払うと雪の上にあったのは胎盤《たいばん》だけでした。

でも、肝心の赤ちゃんアザラシが見あたりません。一瞬、溺《おぼ》れたのではと不安になり、館内に走りアクリル越しから大水槽を探しましたが、やはり見あたりません。10分ほどして、やっとプール対岸の岩陰で赤ちゃんを発見しました。まだヘソの緒《お》をつけたままでしたが、元気いっぱいでした。

旭山ではアザラシの赤ちゃんは毛が真っ白い間の2～3週間は泳がないと聞かされていたので、生まれてまもなく泳きだしたこの赤ちゃんには本当に驚きました。第一発見者の私は、この日の朝がくっきりと青空でしたので「ソラ」と命名しました。旭山に勤務していたころから動物たちにすっかり魅せられていましたが、このときのソラとの出会いが、毎週末にカメラ一式を抱えて動物たちに会いに出かける決定的な引き金になりました。

というのは、たしかに旭山には大勢の入園者が訪れていますが、遠隔地に住んでいたり体が不自由なために旭山に訪れることができない方が大勢います。「一度でいいから行ってみたい」と手紙をもらったことも再三です。

このような方たちに旭山の動物たちの素晴らしさをなんとか伝えられないかと考えているうち、私には写真があると思いつき、撮りつづけるようになったのです。

子育て中のオランウータンの母親が、わが子に向ける慈《いつく》しみにあふれたまなざし。ホッキョクグマやアムールトラの獲物を狙う鋭い目。自然界は別として、動物との距離や展示方法を工夫している旭山でしか撮影できない瞬間もとらえてきたと自負しています。

本書は、ホッキョクグマ、オランウータン、ペンギン、アザラシをメインにしていますが、旭山にはほかにもたくさんの動物がいますし、他の動物園には見られないユニークな施設や展示を見ることもできます。

坂東さんは、こうした環境エンリッチメントに配慮した新しい施設を設計しつづけてきました。私と同じ市の職員で獣医ですが、感覚が私などとは違います。坂東さんの発想は常識に縛られず、「もっと工夫できるはずだ」と貪欲《どんよく》なまでに研究熱心で、それに行動力が伴って、今日のたくさんの施設を作り上げてきました。一介《いっかい》の事務屋にすぎない私にはまぶしいくらいの存在でしたが、不思議とウマが合いました。それは、坂東さんが動物に対してだけでなく、常に来園者の側に立った視点から動物園を見る優しさがあったからだと、やがて気づきました。

動物たちの行動や表情は四季によって変わります。旭山ではいつも新しい発見があります。私の写真の技術は未熟ですが、1年間撮りためた旭山の動物たちの素顔を実感していただければうれしく思います。

本書の発刊では1年前と同じように坂東副園長とコンビを組むことができて、こんな幸せはありません。

また私の写真の師匠で、旭山動物園のポスターを毎年撮影されている今津秀邦さん、旭山動物園の小菅正夫園長をはじめ、元同僚の皆さん、友人の古舘謙二さん、たくさんの方から支援をいただきました。

心からお礼を申し上げます。

2006年夏　桜井省司

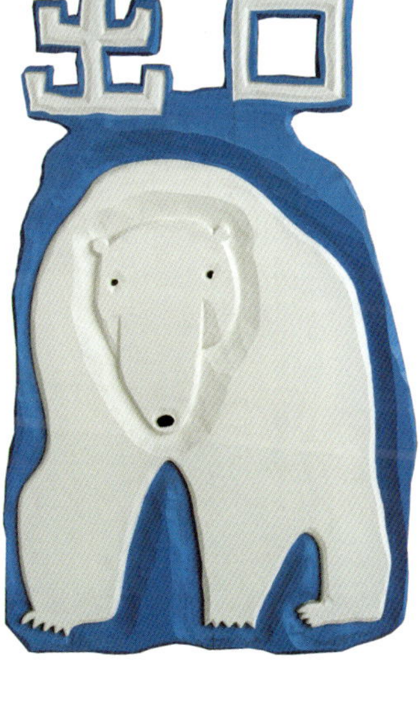

旭山動物園《あさひやまどうぶつえん》へようこそ!

[文] 坂東 元

[写真] 桜井省司

[発行] 株式会社 二見書房

〒101-8405 東京都千代田区三崎町2-18-11
電話 03-3515-2311(代)
振替 00170-4-2639

[編集/構成] 浜崎慶治・金子正夫

[カバーデザイン] ヤマシタツトム

[印刷] 図書印刷株式会社

[製本] ナショナル製本協同組合

ISBN 978-4-576-06125-2

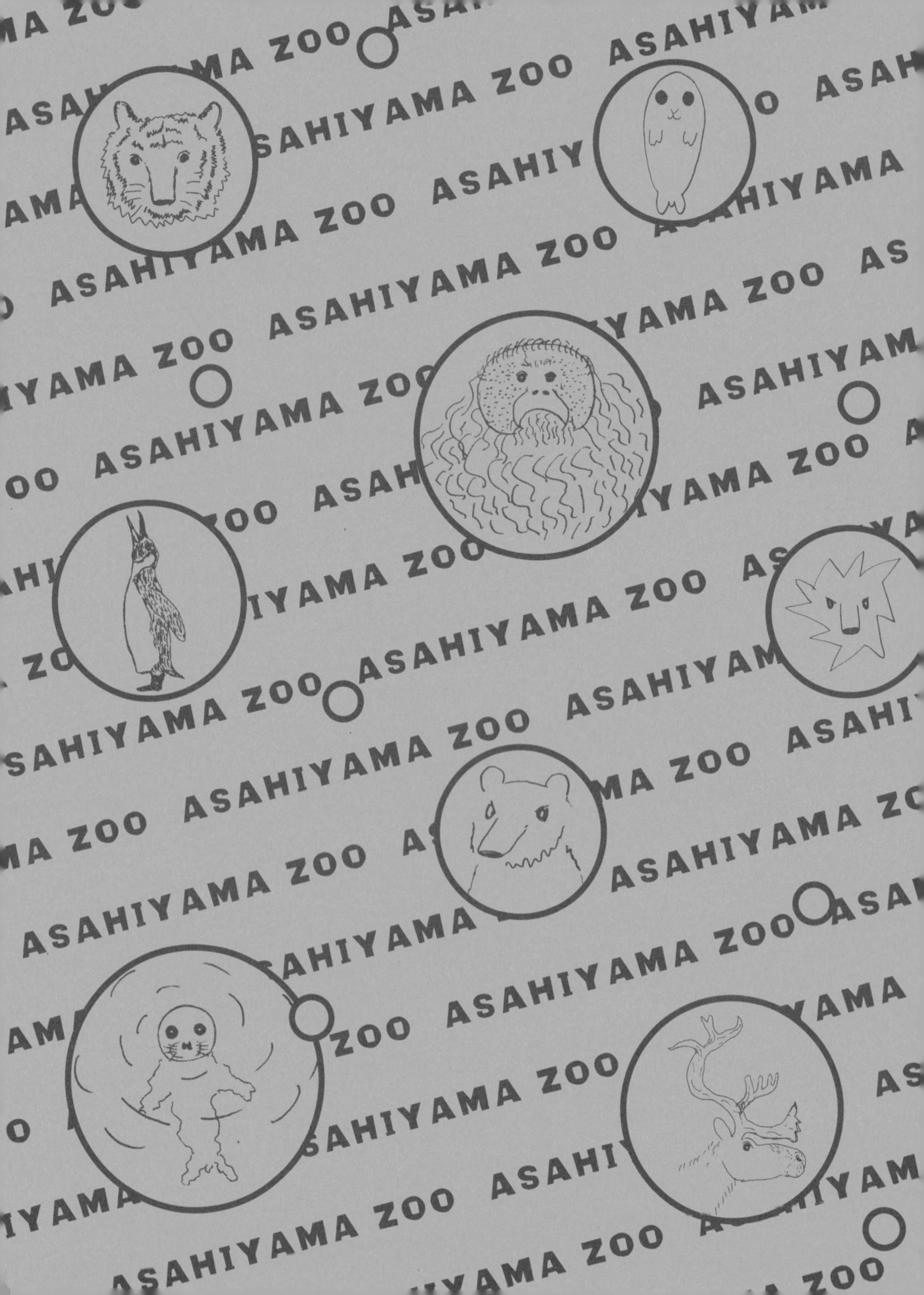
ASAHIYAMA ZOO